JLT 412

Dieses Buch wurde entworfen und hergestellt von

Multimedia Books Limited,
32/34 Gordon House Road, London NW5 1LP

Übersetzung: Eva Krafft-Bassermann,
Marlen Kleinefenn, Dr. Anton Bruzek
Bearbeitung: ARGO GmbH, Baden-Baden

Satz: Werbegrafik M. Kloos, Geisenheim

ISBN 3-8122-3155-7

Printed in Italy by Imago

MERCEDES -BENZ

Unipart-Verlag · Stuttgart

Vorderer Einbanddeckel und vorhergehende Seite
Der neue Mercedes-Benz 500SL, der im März 1989 im Genfer Autosalon vorgestellt wurde (siehe auch Seite 44 und 45).

Rückwärtiger Einbanddeckel
Ein 450SE mit dem früheren 4520 ccm Motor.

Vorderes Vorsatzpapier
Ein prachtvolles Exemplar des 500K Tourenwagens von 1934. Er hat einen 5 Liter Kompressor 8 Zylinder Reihenmotor. Dieser 500K ist einer der wenigen mit Rechtssteuerung.

Rückwärtiges Vorsatzpapier
Der 500SE, der 1981 dadurch sparsamer gemacht wurde, daß die Übersetzungsverhältnisse des Getriebes erhöht und Motoren mit höherem Drehmoment bei niedrigeren Umdrehungszahlen entwickelt wurden.

Auf dieser Seite
Ein 450SLC Hardtop Coupé von 1974

MERCEDES-BENZ

Stuart Bladon

Ein Mercedes-Benz Sport mit Kompressor, ein Zweisitzer von 1927 mit 6 Zylindern, einem 6,8 Liter Kompressor-Motor mit 180 Brems-PS.

Inhalt	Seite

Einleitung

Daimler und Benz sind die beiden großen Gründer der Firma, die heute, nach mehr als hundert Jahren, immer noch das Ideal hat, die bestmöglichen Autos herzustellen. Aber wie kam Mercedes dazu? 1882 zog einer der beiden Gründer, Gottlieb Daimler, nach Bad Cannstatt, das damals ein blühender Kurort war und heute ein Vorort von Stuttgart ist; er begann in einer kleinen Werkstatt auf seinem eigenen Grundstück den Viertaktmotor, den Nikolaus Otto erfunden hatte, zu verbessern; - daher der Name Otto-Motor. Ihm half Wilhelm Maybach.

Daimlers erster Erfolg 1883 war die Erfindung der "Glührohrzündung", wobei ein Rohrstück in der Zylinderwand durch die Auspuffgase erhitzt wurde und das Benzin-Luftgemisch entzündete. Davon abgeleitet ist das Wort *chauffeur,* wie man den Mann nannte, (nach dem französischen Wort *chaud* = „warm"), der morgens, wenn es kalt war, die Glührohre für seinen Herrn anheizte.

Meilensteine des 19. Jahrhunderts

Am 10. November 1885 fuhr der erste Wagen in Form eines Vehikels mit Holzrahmen mit dieser Maschine durch den Park von Daimlers Villa. Es war eher ein Motorrad als ein Auto, denn die beiden Haupträder standen in einer Linie, und die beiden kleinen waren an Auslegern an der Seite befestigt.

Die ersten Vierrädrigen

Wenig später kam der erste Wagen mit vier Rädern; Daimler ließ einen der Motoren in einen speziellen Wagen einbauen, der keine Pferdedeichseln hatte. Im selben Jahr, 1886, meldete Karl Benz aus Mannheim sein bedeutendes Patent für „ein Fahrzeug mit Gasmotorenbetrieb... dessen Gas aus vergasenden Stoffen durch einen mitzuführenden Apparat erzeugt wird" an.

Karl Benz und Gottfried Daimler arbeiteten getrennt. Jeder betrieb sein eigenes Geschäft, um seine Erfindungen und die Entwicklung des Automobils voranzutreiben. Es ist eine bemerkenswerte Tatsache, daß sie sich nicht begegneten, obwohl sie nur etwa 100 km voneinander entfernt lebten.

Daimler Benz entstand aus der Fusion der beiden Firmen, die Gottlieb Daimler und Karl Benz gegründet hatten. Der erste Wagen von Karl Benz hatte Wasserkühlung (unten). Daimlers erste Maschine (ganz unten rechts) war eine Art Motorrad mit Auslegern. Der Name Mercedes wurde von Daimler ab 1900 benutzt; (links unten) ein ausgezeichnet erhaltenes Exemplar von 1904.

Der erste Mercedes

Ein begeisterter Anhänger der Wagen, die Daimler produzierte, war der österreichische Geschäftsmann und Generalkonsul Emil Jellinek, der in Nizza lebte. Er kam nach Cannstatt, sah Daimler, und bestellte eine beträchtliche Anzahl von Wagen, die er an reiche Freunde und Bekannte an der französischen Riviera verkaufte.

1899 meldete Jellinek einen 23 PS Daimler zu einem Autorennen in Nizza unter dem Pseudonym Mercedes an. Es war der Name seiner hübschen zehnjährigen Tochter. Der Wagen gewann den ersten Preis, und als Jellinek im darauffolgenden Jahr 36 Wagen von Daimlers letztem Modell bestellte, schlug er den Namen Mercedes für sie vor. Es ist ein spanischer Mädchenname. Der Name wurde 1902 als Markenzeichen für Daimler eingetragen.

Daimler starb 1900, und seine beiden Söhne führten das Geschäft weiter. Von ihnen wurde sowohl der Dreiwie der Vierzackstern als Firmenzeichen vorgeschlagen, aber nur der Dreizackstern wurde verwendet.

Daimler-Benz ist geboren

In der Inflation von 1924 hatte die Automobilindustrie in Deutschland wirtschaftliche Schwierigkeiten. Die Fusion der damals gut etablierten Firmen von Benz und Daimler war ein logischer Schritt, um zu überleben.

Von Benz kam der Lorbeerkranz, der 1909 das Markenzeichen der Firma wurde und das früher verwendete Zahnrad ersetzte. Von Daimler kam der Name Mercedes, der mittlerweile für alle seine Wagen verwendet wurde. So entstand die merkwürdige Situation, daß die Firma Daimler-Benz lange Jahre Autos baute, die Mercedes-Benz hießen. Erst im Jahre 1989 wurde endlich die Autoabteilung zur Mercedes-Benz AG.

Dieser Daimler (rechts) gilt allgemein als der erste vierrädrige Wagen. Der berühmte Blitzen-Benz mit Bob Burman schaffte in Daytona Bay, Florida, die „Fliegende Meile" mit einer Durchschnittsgeschwindigkeit von 228 km/h (unten Mitte). Frühe Modelle: der Benz Velo mit 1,5 PS von 1894 (unten rechts) und (unten) ein Daimler Mercedes von 1913.

Mercedes

Mercedes-Schrift auf dem Kühler und der berühmte Dreizackstern datieren von 1909. Dieser Sechszylinder 7 Liter Mercedes von 1924 war unter dem Namen Targa Florio bekannt.

Ein Viersitzer Mercedes Tourenwagen von 1902-4 (unten) ist der Mercedes Simplex. (Weiter unten) Der große Scheinwerfer eines Mercedes 70 PS von 1904. Nach der Fusion von Daimler und Benz 1926 wurden die Wagen als Mercedes-Benz bekannt. 1927 hatte das Modell (rechts) zwei Sterne auf dem Kühler und die heute noch berühmte freistehende Kühlerfigur.

Mercedes Reklame kombiniert mit einem Luxus Ocean-Liner. Ein früher (1923) Sechszylinder Zweisitzer mit Kompressormotor (oben), dagegen (links) der spätere (1932) SSK Tourenwagen.

Der Kompressor S von 1927 hatte eine 6,8 Liter 6 Zylinder Motor und führte zu diesem Modell von 1929, dem 38/250 TT.

GP 10

BTU 237

1929 ein 7,2 Liter Kompressor Zweisitzer (oben) und (links) ein ungewöhnlicher Mercedes, der Vierzylinder Zweisitzer Sportwagen von 1934 mit Mittelmotor. Einer aus den Serien der „Brot und Butter"-Zeit der dreißiger Jahre (ganz links), ein Mercedes-Benz 200 von 1936.

Hinter dem Dreizackstern

Viele Menschen würden gerne einen Mercedes-Benz besitzen, auch wenn sie nie einen gefahren haben und sich nur vorstellen können, wie es wohl wäre. Das ist die Macht des Images, das die Firma entwickelt hat: daß Perfektion vorausgesetzt und garantiert wird. Das Kernstück der Legende um den ältesten Wagen ist der Dreizack-Stern, die Kühlerfigur, die jedes Modell schmückt. Auf Limousinen steht er als Kühlerfigur mit einer Feder versehen, damit niemand bei einem Unfall durch ihn zusätzlich Schaden nimmt, und die Scheinwerfer beleuchten die Dreiecksprofile seiner Spitzen. Auf den Sportwagen ist er größer und bildet das Mittelstück des Kühlers.

Die Legende der Qualität

Stärke, Zuverlässigkeit, Solidität und ein guter Service

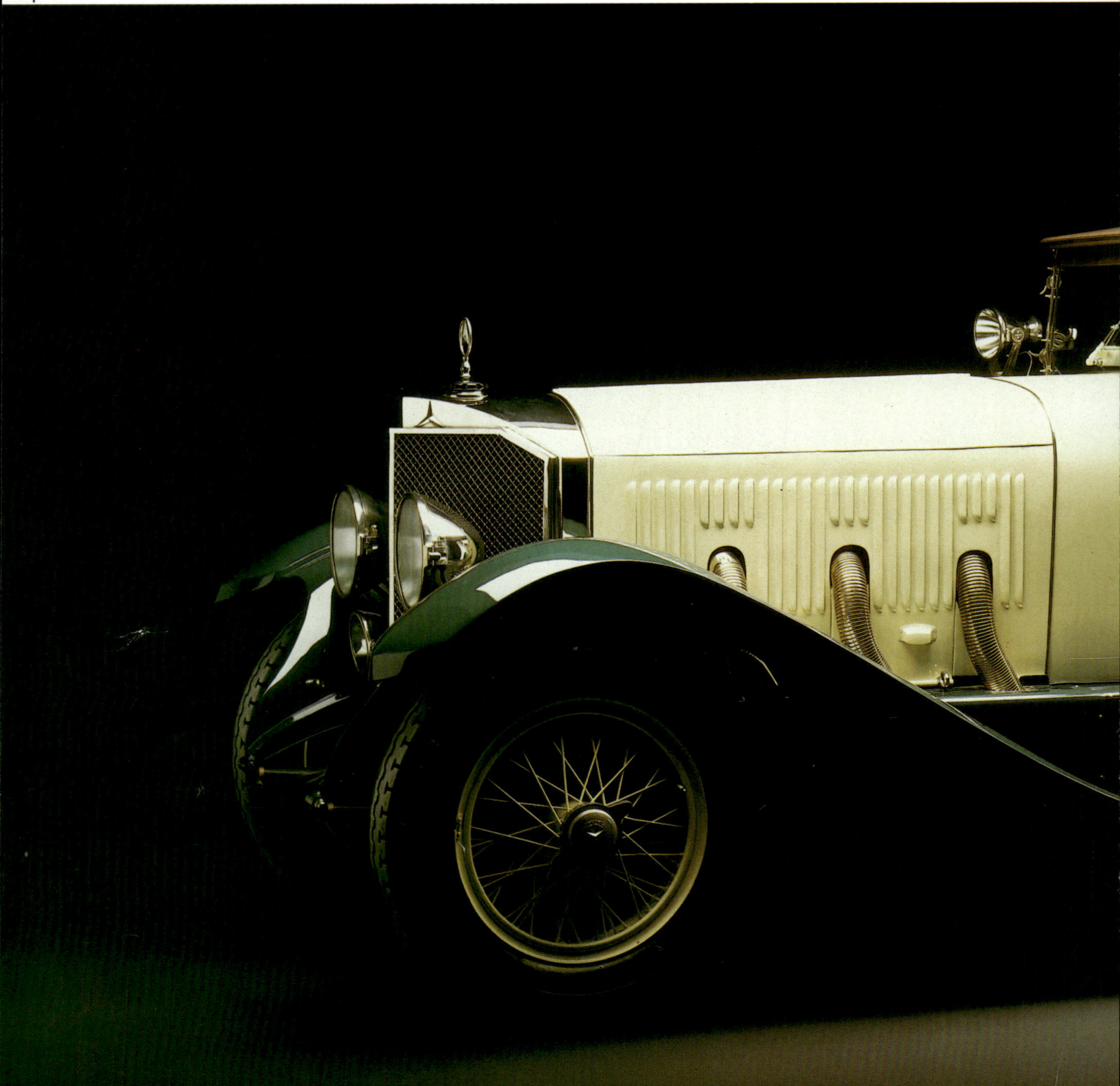

sind die Begriffe, welche die Legende bilden. Dies sind die Eigenschaften, die der Mercedes-Käufer vorzufinden erwartet, und für die er im allgemeinen bereit ist, viel mehr zu bezahlen als für Konkurrenten derselben Größe und Ausstattung. Der Käufer wird selten enttäuscht.

Ausgewogenheit des Designs, fortschrittliche Technologie und die optimale Kombination von Sicherheit, Qualität, Dauerhaftigkeit und Wirtschaftlichkeit sind die Grundprinzipien einer erfolgreichen Modellpolitik, sagt Daimler-Benz. All diese Gesichtspunkte sind immer die Grundlage intensiver Forschung gewesen und werden es immer bleiben, um das Ansehen zu erhalten, welches die Firma über Jahre hin aufgebaut hat. Die Qualität wird an der Langlebigkeit des Wagens ersichtlich und wird noch dadurch unterstrichen, daß Mercedes-Wagen als Taxis in so vielen Ländern der Welt verwendet werden.

Etwa 1,5 Milliarden DM werden jährlich für die Forschung ausgegeben. Vor allem hat der Mercedes-Benz Wagen den eindeutigen Ruf der Sicherheit, gewonnen durch Erfahrungen bei aufwendigen Crash-Tests und in der Unfallforschung; z.B. der Erprobung der Sicherheitsgurte, die sich im Augenblick des Unfalls von selbst spannen und durch die Entwicklung des Chassis für möglichst sicheres Verhalten in einer Notsituation auf glatten Straßen.

Sechszylinder-Typ 28/95 von 1926 mit einer viertürigen Tourenwagen-Karosserie. Der Motor hatte 7273 ccm.

Produktion und Export

Mehr als 12 % aller in Deutschland gebauten Autos sind Mercedes. Aber die Bedeutung der Firma ist hauptsächlich der weitsichtigen Planung der Überseemärkte zu verdanken. Fast die Hälfte der Wagen und weit über die Hälfte der Lastwagen werden exportiert und sie gehen in 170 verschiedene Länder. Westeuropa, Nordamerika und der Mittlere Osten sind die Hauptabsatzmärkte der Firma. Die Firma hat ihre eigenen Verkaufsorganisationen in den wichtigsten Exportländer. In einem Produktionsverbund werden in Deutschland Mercedes in 11 Fabriken gebaut. Die beiden Hauptwerke sind in Stuttgart. Das eine liegt in Stuttgart-Untertürkheim, dem Hauptquartier der Firma, das andere nahe bei Sindelfingen. Immer mehr Mercedes Wagen werden auf den kürzlich wieder hergerichteten Anlagen in Bremen gebaut, früher das Werk des einst bekannten Borgward. Andere Werke produzieren Einzelteile, wie das in Düsseldorf, wo Teile der Lenkung hergestellt werden.

Außerhalb Deutschlands gibt es zahlreiche weitere Produktionsstätten und Montagewerke von Mercedes; die wichtigsten Tochtergesellschaften sind in den USA, Brasilien, Argentinien und Spanien. Auf der ganzen Welt beschäftigt Daimler-Benz an die 185 000 Leute.

Eine ganz besondere Art Wagen

In dem Werk Sindelfingen trifft man an einem gewöhnlichen Tag an die 1500 Menschen in der Empfangshalle. Es herrscht Ferienstimmung und Frauen und Kinder wimmeln herum. Worum geht es wohl? Fast täglich werden zwischen 500 und 600 brandneue Mercedes von ihren neuen Besitzern abgeholt.

Diese Wagen werden nicht, wie andere, auf Züge oder Transporter verladen. Wenn der neue Wagen ein Mercedes ist, holt man ihn persönlich in Stuttgart ab, wenn man Zeit dazu hat. So ein Wagen ist das.

Nachkriegseleganz, ein 300 Automatic mit Einspritzmotor, 180 PS, neu auf der Ausstellung in London 1957.

MERCEDES
BENZ

OLC 3

TAXI
S·U 2297

Der berühmte Stern und das Lorbeerkranz-Emblem, von Benz & Cie übernommen (ganz links); ein 300 S viertüriges Cabriolet (links). Dieselmotoren waren lange Zeit ein wichtiger Teil der Mercedes Produktion, und die Bilder (links unten) zeigen drei Generationen von Dieselwagen; (von links) ein 260 D von 1936, ein 170 D von 1949 - 1953, und ein 200 D. (Unten) Der rasante 300 SL von 1956 (siehe nächstes Kapitel).

(Umseitig) Der legendäre 300 SL „gull wing" (Mövenflügel).

CALIFORNIA
FWV 396

BB-ST 410

Ein besonderer Liebling: der 230 SL, neu 1963 (ganz oben); sein Nachfolger war der breitere 8 Zylinder 350 SL (oben). Der 450 SE mit einem 8 Zylinder Motor, 4 520 ccm (links).

Der funktionelle aber elegante TE Kombi (rechts), der mit einem Sechszylinder 3 Liter-Motor mit 24 Ventilen zu haben ist, wurde 1989 in Frankfurt gezeigt. Ganz rechts ist die 5,6-Liter Version (560SEC) des Coupés der S-Klasse von 1984 (der zweitürige SEC), der unten zu sehen ist.

S-EL 4907

Oben auf dieser Seite ist der W123 mit Motoren von 2,0-2,8 Liter zu sehen. Holpriges Gelände ist für Mercedes nicht das normale; die Ausnahme von der Regel ist der unten gezeigte 280GE Geländewagen. Für das (oben und rechts) gezeigte zweitürige Coupé gab es an Motoren einen 2,3-Liter Vierzylinder (230CE), einen 3-Liter Sechszylinder (300CE) und einen 3-Liter mit 24 Ventilen (300CE-24) mit einer Spitzengeschwindigkeit von 235 km/h zur Auswahl.

BLY 899Y

Die leichten Sportwagen

Obgleich die weltweite Bedeutung der Marke Mercedes-Benz auf dem Ruf für Wertbeständigkeit, Solidität und Langlebigkeit ihrer Modelle gegründet ist, hatte sie auch immer eine besondere Anziehungskraft für sportliche Fahrer. Das sportliche Image wurde am Beispiel der Sportwagen aufrecht erhalten, welche den normalen Modellen ihren besonderen Nymbus verliehen. In den vergangenen 30 Jahren erhielten sie die magischen Buchstaben SL. Dies sind die Anfangsbuchstaben der Worte Sport und leicht, die dazu dienten, eine Modellserie zu kennzeichnen. Die Zahl 300 bezeichne die ungefähre Größe der Maschine, sodaß der 300 SL der 1952 als Rennwagen herauskam, einen 3 Lite Sechszylinder Motor hatte.

Der erste SL

Der erste SL, der im Frühjahr 1954 auf dem Markt auftauchte, war aus dem Modell entwickelt, mit dem Daimler-Benz 1952 in die Rennarena zurückkehrte. Die straßengängige Version war auch eindrucksvoll schnel

mit einer Spitzengeschwindigkeit von 200 km/h und einer Beschleunigung von 0 auf 160 km in 21 Sekunden, einer für damals sehr kurzen Zeit.

Der Sechszylinder Motor war - unüblich für die fünfziger Jahre - nach links geneigt. Eine Anordnung, die heute bei vielen Fabrikaten benutzt wird. Eine solche Anordnung wurde durch die Verwendung der Einspritzmechanik anstelle von Vergasern erleichtert; auch dies war ungewöhnlich bei den anderen Marken, aber fast ein Wahrzeichen für einen Mercedes.

Das am meisten ins Auge springende Kennzeichen der ersten SLs waren die am Wagendach aufgehängten Türen des Coupés. Von hinten betrachtet erinnert ein 300 SL mit offenen Türen an eine Möve im Flug, was ihm den Spitznamen „Gull-Wing" (Mövenflügel) eintrug.

Wer die kühn geschwungene Tür öffnete, sah sich vor einer Schwelle, deren Höhe eine athletische Leistung für den Einstieg erforderte. Aber eine geschickte Anordnung des Steuerrads, das sich bis zur Horizontalen drehen ließ, machte dem Fahrer den Einstieg leichter.

Fast die gleiche Ausführung, nur sehr viel weniger stark, wurde später mit einem Vierzylinder Motor anstelle des 3 Liter Sechszylinder Motors eingeführt. Er hatte 1897 ccm, Zylinderinhalt und wie der 300 SL Ventilsteuerung mit einer obenliegenden Nockenwelle.

Rennwagen-Version des SL, der 300 SLR gewann 1955 die „Tausend Meilen" (links). Der Name „gull wing" (Mövenflügel) wird deutlich, wenn man sich den 300 SL (unten) betrachtet.

Manche Leute hatten an dem Modell, das 190 SL hieß, auszusetzen, es sei untermotorisiert; aber ihre Enttäuschung war wahrscheinlich nur der Kontrast zu der enormen Leistung des 300 SL.

Schlecht gelöst war bei diesen und anderen Mercedes-Modellen dieser Zeit die Radaufhängung. Es wurden sogenannte Pendelachsen verwendet, die den Effekt hatten, daß die Hinterräder bei Schlaglöchern und in scharfen Kurven ihren Sturzwinkel änderten, was es dem Fahrer erschwerte, die Gewalt über den Wagen zu behalten. In richtigen Händen ließ sich das unter Kontrolle halten, wie viele Rennfahrer demonstrierten, aber ein unerfahrener Fahrer konnte durch die sich ergebende Übersteuerung aus der Kurve fliegen.

Der verfeinerte Sportwagen

„Wenn etwas an den sportlichen Limousinen verbessert wurde, warum dann nicht auch an den Sportwagen?« fragten sich die Leute mit Erstaunen, als sie feststellten, daß Daimler-Benz sich entschlossen hatte, Servolenkung für den neuen 230 SL anzubieten, der 1963 auf den Markt kam. Dies neue Modell bedeutete einen enormen Fortschritt gegenüber den frühen 190 und 300 SLs, obwohl zunächst kein Versuch gemacht wurde, die Leistung des 300 SL zu erreichen. Der 230 SL - so genannt wegen seiner 2,3 Liter Maschine (wieder ein Sechszylinder mit obenliegender Nockenwelle) brachte Verfeinerung und Bequemlichkeit in den offenen Sportwagen.

Sein Verdeck schloss gut, und er hatte rahmenlose Seitenfenster. Aufgeklappt verschwand das Verdeck in einer mit einer Klappe abgedeckten Versenkung. Es war ein Genuß, den Wagen zu fahren, besonders, wenn das Wetter es erlaubte, das Verdeck zu öffnen. Speziell mit Automatik-Getriebe tendierte der 280 SL zu unzureichender Fahrleistung in den unteren Gängen und zu Unruhe bei höheren Geschwindigkeiten, aber er hatte wenig andere Fehler. Der Besitzer konnte im Winter das Stoffverdeck durch ein gut geschneidertes Hardtopverdeck ersetzen. Weitere Verfeinerungen und mehr Leistung folgten mit der Einführung des mehr Platz bietenden und noch komfortableren 350 SL im Jahre 1971. Genau wie die 230 SL Serie durch eine 2,5 oder 2,8 Liter Version erweitert worden war, so konnte man den 350 SL später mit einer Sechszylinder 2,8 Liter Maschine - wieder trotz der Formänderung 280 SL genannt - erwerben. Die Auswahl vergrößerte sich, als der 4,5 Liter/V8 Zylinder (450 SL) kam, und der 350 zum 380 SL wurde.

1986 machte diese Version des SL mit der Einführung von 5,0- und 5,6 Liter V8-Motoren ihre letzte Verwandlung durch; ferner gab es einen 3-Liter Sechszylinder, mit dem die berühmte Bezeichnung „300SL" wieder auflebte. Die Produktion endete Mitte 1989, um dem aufregenden neuen SL Platz zu machen, der auf der Genfer Ausstellung 1989 eingeführt wurde.

300 SL Roadster von 1957 (links). Ein 300 SL Coupé (unten) und (weiter unten) die Rennversion, 300 SLR.

NNG 607V
4 PK

Eine seltene Sammlung von drei 300 SL (oben). (Ganz links und unten) Zwei weitere gut erhaltene Beispiele des begehrten 300 SL. Die Maschine war ein 3 Liter Sechszylinder mit oben liegender Nockenwelle und Bosch-Kraftstoffeinspritzung; der Motor war nach links geheigt, um die Kühlerhaube möglichst niedrig zu halten.

Eine Coupé-Version des S1 von 1981 - ein 380 SLC.

YSP I

R - EK 31

Einladender Innenraum eines 300 SL (oben links); das Steuerrad konnte umgelegt werden, um leichter einzusteigen. Ebenso wie als „gull-wing" Modell gab es den 300 SL auch als Cabriolet (ganz links). Das Zweisitzer-Cabriolet von 1982 (links) gab es mit einer großen Auswahl von Sechszylinder- und V8-Motoren. (Oben) Ein 300 SL von 1957 und ein SL der „dritten Generation" - der 450 SL, der 1973 in Genf herauskam.

G756 FWN

SL bekommt eine neue Bedeutung: Sicherheit

Fortgeschrittene Technologie, Sicherheit und Stil waren die hervorragenden Merkmale der neuen Mercedes-Benz SL Generation, die in der Genfer Autoschau 1989 vorgestellt wurde. Seine modernste Sicherheitsvorrichtung bewirkt, daß dem Bord-Computer von Sensoren gemeldet wird, wenn Kräfte auftreten, die den Wagen zum Überschlagen bringen können. In diesem Fall gibt das System einen Überrollbügel frei, der den Insassen Schutz bietet.

Das Zusammenklappen des Verdecks erfolgt völlig automatisch; der Fahrer braucht nur einen Knopf drükken, um eine Folge von Bewegungen auszulösen: die Verriegelung wird gelöst; das Verdeck wird aufgestellt; die Klappe des Stauraums öffnet sich; die Seitenfenster werden versenkt; die Bespannung faltet sich in den Stauraum; die Klappe schließt sich. Der ganze Vorgang dauert etwa 20 Sekunden und schon ist aus einem völlig geschlossenen ein offener Wagen geworden. Das Wiederaufrichten des Verdecks erfolgt in umgekehrter Reihenfolge. Der Fahrer braucht dabei seinen Sitz nicht zu verlassen. Eine Sicherheitsvorrichtung verhindert das Aufrichten oder Zusammenklappen des Verdecks, wenn der Wagen nicht steht.

Zur Zeit der Einführung des neuen SL wurde er mit einem 3-Liter Motor mit 12 oder 24 Ventilen, letzterer mit 230 PS, und einem 5-Liter V8 mit 32 Ventilen mit 326 PS und abgestufter Leistung angeboten. Viele andere Sicherheitsvorrichtungen gehören zur Standardausrüstung einschließlich eines Antiblockiersystems. Die Höchstgeschwindigkeit ist auf 250 km/h beschänkt.

Die Abbildungen auf dieser Doppelseite zeigen den 500SL in seinen drei Formen: ganz offen, mit Verdeck und mit serienmäßigen Hardtop.

Der Luxusstern

Schon immer war ein Mercedes ein relativ teurer Wagen, etwas, das man eher als Investition in Qualität und Dauerhaftigkeit kaufte, als um des reinen Wertes willen. Auf der Spitze des Luxus gab es immer Mercedes-Modelle, die den ausgefallensten Ansprüchen genügten, und die an sehr reiche Personen verkauft wurden, oder an solche, für die eine Firma die hohen Anschaffungskosten trug. Mercedes konkurriert einzig mit Rolls-Royce, wenn Firmenchefs, Staatsmänner und die ganz Reichen einen Wagen kaufen.

Außerdem wurden viele Mercedes-Modelle umgebaut, um besonderen Luxusansprüchen zu genügen, oder um auf extravagante Weise damit aufzufallen. Die Nachfrage nach speziellen Mercedes-Benz-Karosserien und nach besonders aufwendiger Innenausstattung hat sich in den späten siebziger und achtziger Jahren so erhöht, daß sie zur Quelle des Wohlstands für eine Reihe von Karosseriespezialisten wurde.

Übliche Umbauten

Daimler-Benz war immer sehr zurückhaltend, wenn es um diese Art Arbeit ging. Sie wissen zwar, wie wichtig

auch dieser Markt für sie ist, aber sie achten darauf, daß es keine Beschwerden über die Zuverlässigkeit gibt, die dadurch entstehen, daß die Abänderung ihrer Produkte ungenügend erprobt wird. Wenn sie aufgefordert werden, einen Umbau zu billigen, ist die Politik gewöhnlich folgende: Zu testen und zu revidieren, und dann, wenn sie wirklich überzeugt sind, daß die Arbeit ihren eigenen Anforderungen genügt, zu erklären, „es wird den Händlern nicht verboten, diese Fahrzeuge zur Reparatur und Wartung anzunehmen." Das ist ungefähr das Äußerste, wie sie größeren Umbauaufgaben die offizielle Anerkennung der Firma zukommen lassen.

Britische Firmen haben ein blühendes Geschäft mit dem Nahen Osten gegründet, wo eine große Begeisterung für Luxuswagen herrscht und der Wunsch, etwas besonderes, besseres als alle anderen zu haben; manchmal wurden unglaublich teure Umarbeitungen in Auftrag gegeben.

Eine der erfolgreichsten Umbauten war die geschickte Vergrößerung der Karosserie eines 500 SEL zu einer Limousine mit extralangem Radstand. Der Entwurf stammte vom Le Marquis, Großbritannien, und der Umbau wurde von Tickford, Milton Keynes, einer Abteilung von Aston Martin durchgeführt.

Dieser Umbau ist besonders clever, da er nur Standardteile verwendet. Eine neue Dachstütze in der Mitte wird anstelle der ursprünglichen hinteren gesetzt; eine

Bekannt als der Große, war der geräumige 600 mit einer 6,3 Liter V 8 Maschine ausgerüstet. Der Mercedes Stern ist immer ein Symbol für Qualität und Luxus gewesen.

neue Tür aus dem Vorderteil der Hintertür und dem hinteren Teil der Vordertür wird gebaut. Das bedeutet, daß der Rahmen von zwei Türen verwendet wird, um eine mittlere Türe zu haben; wenn man sich das auf einer Zeichnung betrachtet, sieht man sofort, warum das nötig ist: die neue mittlere Tür muß zwischen die unterschiedlich geformten hinteren und vorderen Stützen passen.

Die Limousine mit extralangem Radstand wird als Sechstürer angeboten; oft ist die Ausführung aber so, daß die mittlere Tür gar keine Griffe hat und für alle Zeiten geschlossen bleibt. Man mußte sich beim Einstieg hinten an der Dachstütze und an den Einbauten vorbeizwängen in denen meistens Television oder Video installiert sind.

Eine Welt des Komforts

Andere luxuriöse Einbauten sind eine gekühlte Bar, besonders extravagante HiFi Radios, und Cassettenlaufwerke mit mehreren Lautsprechern und Entzerrern, Autotelephon und eine Gegensprechanlage zum Fahrer. Ein besonderer Mercedes-Umbau hatte sogar einen Getränkeautomaten, der es den Fahrgästen erlaubte, verschiedene Drinks zu wählen.

Besonders erwähnenswert ist die Arbeit von Duchatalet, der auf zahlreichen internationalen Autoausstellungen fabelhaft verschönerte Mercedes 500 zeigte, die eine besonders verschwenderische Innenausstattung, äußere Verzierungen bis zur Vergoldung und den Einbau aller nur erdenklicher Extras aufwiesen.

Die Vielfalt der Bestellungen ist so komplex, daß es vieler Einzelfirmen bedarf, um alle Wünsche zu erfüllen. Es ist nicht erstaunlich, daß Daimler-Benz bereit ist, diese Seite des Geschäfts Spezialisten überlassen zu können, wie auch einen anderen Zweig, den Umbau in kugelsichere Wagen, was von manchen Ländern dringend verlangt wird.

Obwohl Daimler-Benz nun die Serie der 560SEL mit 5,6-Liter Motor und großem Achsabstand beendet, produzierte sie noch eine große Limousine, den 600. Er kam in zwei Versionen heraus und wurde „der Große" genannt. Er hatte nur vier Türen, eine Trennwand, und unter der Haube einen großen V8 6,3 Liter Motor.

Anstelle des riesigen 600 wird zur Zeit der Abfassung dieses Buches weiterhin eine weniger spektakuläre, aber immer noch sehr eindrucksvolle Limousine produziert, eine Version mit großem Achsabstand aus der 200er-Reihe. Mit ihrem Dieselmotor ist sie eine repräsentative und bequeme „Managerlimousine", die Art von Wagen, die viele Firmen benutzen, um z.B. ihre Führungskräfte zum Flughafen zu bringen.

Die 600 Limousine war ein repräsentativer Achtsitzer (oben links und rechts). Der Excalibur von 1980 (links) ist von Brooks Stevens nach dem Vorbild des Mercedes 500/540 K von 1937-38 entworfen, und hat einen längeren Radstand. Unter der enormen Motorhaube ist ein Chevrolet V8 5 Liter Motor verborgen.

Inneres einer 600 Limousine auf Wunsch mit Fernsehen (ganz oben). Trotz der Größe ihrer Wagen nimmt Daimler-Benz es ernst mit dem Energieverbrauch, und entwikkelte eine aerodynamische Form für die zweite Generation der S Klasse (oben), die im September 1979 herauskam. (Rechts) Eine Spezialanfertigung eines 500 SE von Panther Cars, Großbritannien.

Beispiele für faszinierende Umbauten, ausgeführt durch Panther Cars, Waybridge, Surrey, England, sind auf diesen Seiten abgebildet. Ein 500 SE bekommt einen sehr traditionellen (und sehr un-aerodynamischen) Kühlergrill (rechts, und unten); und (gegenüber) ein sehr extravaganter Umbau eines 500 SLC, innen weiß und rot und mit „gull-wing" Türen. (Unten rechts) Ein anderer luxuriöser Innenraum für einen 500 SE von Panther.

Die Marke des Erfolgs

Zuerst hört man das entfernte Röhren des „bei voller Kraft voraus" laufenden 16-Ventilers; das Geräusch wird rapide lauter, je näher der Wagen kommt. Dann hört man das stetig anschwellende Pfeifen der Reifen. Endlich erscheint für Sekunden der Wagen - gerade lange genug, um die auffallenden Farben der Front, schwarz und rot, und die Spuren von Millionen zerquetschter Insekten wahrzunehmen. Ein plötzliches Crescendo des Geräuschs, wenn die normale Mercedes-Benz 190 E Limousine mit über 250 km/h vorbeirauscht: Dann, fast wie ein Phantom, ist sie vorbei und eine neue Runde auf der Hochgeschwindigkeitsversuchsstrecke in Nardo, Süditalien, ist beendet.

Getestet bis zur Belastungsgrenze

So ging es weiter, Stunde um Stunde, Tag und Nacht für mehr als eine Woche. Dann hatten die drei Mercedes 190 E 16-Ventiler-Limousinen drei Geschwindigkeits- und Entfernungsrekorde gebrochen. Das war ein bemerkenswerter Erfolg für langandauernde Hochge-

chwindigkeiten unter extremen Temperaturen, zwichen 40° und 50° Grad Celsius im Inneren des Waens.

Für Daimler-Benz war dies Abenteuer im Sommer 983 nichts neues. Die Firma hat eine lange Geschichte er Rekorde und der Pionierarbeit, die das Tempo der utoentwicklung in der Welt bestimmte. Eine der ersten nternehmungen dieser Art fand 1895 in Amerika statt, ls der Times Herald einen Preis von 5000 Dollar für ein ennen von „Fahrzeugen ohne Pferde" von Milwaukee ach Chicago ausgeschrieben hatte.

scar Müller auf einem Benz und Frank Duryea auf eiem selbst konstruierten Gefährt waren die Hauptkonurrenten, andere Teilnehmer beklagten sich, daß sie m Tag des Rennens nicht fertig waren. Duryeas Waen ging zu Bruch, Müller gewann und legte die 148 km etwas weniger als 9 1/2 Stunden zurück. Die Hauptentscheidung mußte verschoben werden, um den Teilnehmern mehr Zeit für die Vorbereitungen zu geben. Diesmal war Müller zweiter und gewann 1500 Dollar. Im selben Jahr waren 6 Wagen mit Daimler Maschinen unter den ersten acht in dem berühmten Paris-Bordeaux-Paris Rennen, zwei davon waren Benz-Wagen.

Der Rekordbrecher 190 E 16 V auf der Versuchsstrecke von Nardo in Süditalien (links). 1914, kurz vor dem ersten Weltkrieg wurde dieser Rennwagen 117 gebaut (unten oberes Bild). Im selben Jahr gewann Daimler den großen Preis von Frankreich und das Vanderbilt Rennen in Amerika. (Unten) Ein anderer gut erhaltener Grand Prix Wagen von 1914.

Nachkriegsserie

Ein umfangreiches Buch könnte mit der endlosen Saga der Daimler-Benz Siege bei Autorennen über all die Jahre gefüllt werden, einschließlich der Reihe von Triumphen, als die Firma 1952 beschloß, sich wieder an Rennen zu beteiligen. Viel weniger bekannt, aber vielleicht noch wichtiger, war der Katalog internationaler Rallye-Erfolge, die Mercedes-Wagen in den späten fünfziger und frühen sechziger Jahren errangen.

Während der notorisch harten Liège-Sofia-Liège Rallye von 1963 hatte der Zeitnehmer an einem Rallye-Kontrollpunkt in Jugoslawien mit dem Lineal auf seiner Karte für jede Minute eine Linie gezogen, in der kein am Wettkampf beteiligter Wagen erschien. Plötzlich kam die gedrungene Silhouette des Mercedes 230 SL röhrend in Sicht und kam mit blockierten Rädern in einer Wolke von Staub zum Stillstand. Es vergingen einige Minuten, ehe ein weiteres Fahrzeug eintraf; der 230 SL, gesteuert von Böhringer und Kaiser, erreicht Liège auf dem Rückweg schmutzüberzogen, doch ohne Schramme - als klarer Sieger.

Als der vielversprechende neue Wankel Kreiskolbenmotor in den frühen sechziger Jahren in die Motorszene einbrach, investierte Daimler-Benz enorme Anstrengungen in die Entwicklung der neuen Maschine. Sie kam nie in die Produktion, aber ihre Möglichkeiten als

kompakter, aber leistungsfähiger Motor wurden durch einen speziellen Zweisitzer Sportwagen, den C 111 unter Beweis gestellt. Er kam 1969 mit einem 3-Kolben-Wankelmotor heraus und wurde in Genf 1970 mit einem 4-Kolben-Wankelmotor gezeigt,als Äquivalent für eine konventionelle 4,8 Liter Kolbenmaschine. Der gleiche Spezial-Sportwagen dient später dazu, die Schnelligkeit und Dauerhaftigkeit der konventionellen Kolbenmaschinen zu demonstrieren. Es wurde eine Fünfzylinder 3 Liter Diesel-Maschine mit Kompressor konstruiert, die mit der erstaunlichen Leistung von 253,3 km/h über 16000 km einen neuen Weltrekord für Dieselwagen erreichte.

Später wurde eine Marke IV Version des legendären C 111 mit einer V8 Benzinmaschine mit zwei Turboladern ausgerüstet, die die phantastische Geschwindigkeit von 403,9 km/h erreichte.

Der Grand Prix-Wagen W 125 von 1937 hatte 8 Zylinder in Reihe, davon je vier zusammengefaßt mit vier Ventilen pro Zylinder. Er hatte einen Kompressor und entwikkelte mit einem Motorinhalt von 5 660 ccm fast 650 PS (links und unten). Caracciola gewann die Europameisterschaft das dritte Mal in einem W 154 (unten), der einen V12 3 Liter Motor mit zwei oben liegenden Nockenwellen für je eine Reihe von 6 Zylindern, die vier Ventile pro Zylinder - insgesamt 48 Ventile! betätigen. Er hatte zwei Kompressoren und entwickelte 450 PS.

Mercedes startete wieder 1952 bei Grand-Prix-Rennen und gewann 1954 sechs wichtige Rennen. Hier sieht man Hermann Lang in einem W 196.

78

1988 faßte Mercedes-Benz den kühnen Entschluß, in den Rennsport zurückzukehren. Die erste wirklich große Prüfung war das 24-Stunden-Rennen in Le Mans im Juni 1989 (unten). Der aerodynamische Sauber-Mercedes erreichte auf der Mulsanne-Geraden 400 km/h und gewann das Rennen mit einer Durchschnittsgeschwindigkeit von 221 km/h.
Das Nebenbild rechts zeigt einen 300SL von 1955 im Gedächtnisrennen von Mille Miglia 1984.

158
300-SLR

AEG
Castrol
MICHELIN
61

Einer der berühmtesten Versuchswagen der Welt war der Mercedes-Benz C 111, ein Zweisitzer mit „Gull-Wing" Türen. Er war zunächst ein Testbett für den Wankelmotor, der unter Lizenz von NSU gebaut wurde, die die Wankelpatente besaßen. Er wurde zum ersten Mal auf der Frankfurter Messe 1969 mit einem Drei-Kolben-Wankelmotor gezeigt, aber später, 1972 wurde ein Vier-Kolben-Wankelmotor, was einer 4,8 Liter Maschine entspricht, eingebaut. Schließlich wurde der Wankelmotor aufgegeben und der C 111 erbrachte viele Rekorde mit einem Dieselmotor.

Der 1989 in Genf eingeführte neue SL ist einer der geschmackvollsten und sichersten Wagen auf den heutigen Straßen. Hier ist er mit dem für alle 1989er-Modelle serienmäßigen abnehmbaren Hardtop zu sehen.

Bildernachweis

Bicton Hall of Transport *9 unten*. Stuart Bladon *44-45, 50-51*. Neill Bruce *36-37, 39, 40-41, 42 unten*. Mirco Decet *Titelseite, 12 unten, 35 unten, 38-39, 45 oben, 46, 49, 50 oben, 52-53, 61*. Geoffrey Goddard *58-59, 63 Nebenbild*. Chris Harvey *38*. Mercedes-Benz *Vorderer Einband, Schmutztitelblatt, 9 oben und Mitte, 12 oben, 24 unten, 28-29, 29 unten, 32 Mitte und oben, 37 unten, 44-45, 46-47, 50 unten, 54-55, 55 oben, 57 unten, 64, hinteres Vorsatzpapier, hinterer Einband*. Midland Motor Museum Bridgenorth *16-17*. Andrew Morland *vorderes Vorsatzpapier, 24 oben, 24-25 oben, 29 oben, 32 unten, 35 oben, 37 oben, 55 unten*. National Motor Museum *30-31 oben, 48-49 unten*. Photo Source *4-5, 10-11, 26-27, 42-43 oben*. Peter Roberts *7, 15, 18-19 unten, 20-21, 22-23, 30-31 unten, 32 Mitte, 42-43 unten, 56-57, 62-63*. Tony Stone Associates *6-7, 8-9, 12-13, 14-15, 18, 24-25 unten, 42 oben, 57 oben*. Colin Taylor *60*. Nicky Wright *31, 32-33, 45 unten*. ZEFA *18-19 oben, 30*.